■■■■■■■ 003
클래식그림씨리즈

북미의 새

클래식그림씨리즈 그림이 구축한 문명, 고전으로 만나다

북미의 새
The Birds of America

클래식그림씨리즈 003

초판 1쇄 인쇄 2018년 5월 20일
초판 1쇄 발행 2018년 5월 30일

지은이 존 제임스 오듀본
해 설 김성호
펴낸이 김연희
주 간 박세경
편 집 서미석

펴 낸 곳 그림씨
출판등록 2016년 10월 25일(제2016-000336호)
주 소 서울시 마포구 월드컵북로 400 문화콘텐츠센터 5층 23호
전 화 (02) 3153-1344
팩 스 (02) 3153-2903
이 메 일 grimmsi@hanmail.net

ISBN 979-11-89231-00-2 04400
ISBN 979-11-960678-4-7 (세트)
값 11,900원

이 도서의 국립중앙도서관 출판예정도서목록(CIP)은 서지정보유통지원시스템
홈페이지(http://seoji.nl.go.kr)와 국가자료공동목록시스템(http://www.nl.go.kr/kolisnet)에서
이용하실 수 있습니다.(CIP제어번호: CIP2018013758)

클래식그림씨리즈 003

북미의 새
The Birds of America

존 제임스 오듀본 지음
김성호 해설

그림씨

(전)서남대학교 교수, 생태작가

김성호

미국 조류학의
아버지,
존 제임스 오듀본

'다가섬'이라는 낱말을 사랑한다. 스쳐 지나가는 것이 아니라 무언가에 직접 다가서는 일은 그 자체로 아름답다. '기다림'이라는 낱말도 똑같이 사랑한다. 누구를 또는 무엇을 오래도록 기다리는 것은 더 없이 아름다운 일이기 때문이다. 다가섬은 그 깊이만큼, 기다림은 그 길이만큼 아름답다.

평생을 무엇 하나에만 다가서고, 무엇 하나만 기다린 사람의 삶은 어떨까? 새에 다가서서 오래도록 기다리며 저들 삶의 속살까지 온전히 지켜본 사람이 있다. 존 제임스 오듀본John James Audubon (1785~1851). 미국의 조류학자, 박물학자, 그리고 화가였던 오듀본은 미국의 모든 새를 관찰·기록하고, 자연 상태의 모습 그대로 실제 크기로 정확하고 섬세하게 그려낸 것으로 유명하다. 관찰과 그림 그리기에 30여 년, 인쇄만 12년(1827~1839)이 걸린 《북미의 새 *The Birds of America*》의 저술. 오듀본이 아니라면 그 누구도 이루지 못할 일이기에 《북미의 새》는 인류 역사상 가장 위대한 도감이자 조류학 업적으로 평가받는다. 《북미의 새》를 펴내기까지 오듀본은 어떤 삶의 여정을 거쳐야 했을까? 새 하나를 향한 아름다운 미침을 통해 오듀본은 《북미의 새》와 더불어 세상에 무엇을 남기고 떠났을까?

　자연에 깃들인 생명에 다가서서 눈높이를 맞추고 오래도록 지켜보는 삶을 산 지 어느덧 30년이 흘렀다. 최근 15년은 관찰의 대상을 좁혀 새 하나만 바라보고 있다. 더 구체적으로 말하면 새 한 쌍이 어린 새를 키워 내는 과정을 처음부터 끝까지 빠짐없이 지켜보는 일에 빠져 있다.

　관찰은 새벽 5시부터 시작한다. 관찰 움막에 들어서는 시간이다. 새의 번식은 이른 봄에 이루어지며 봄날의 새벽 5시는 캄캄하다. 보이지도 않는데 왜 그 시간부터냐고 할 수 있으나 될 수 있는 한 새의 일상을 방해하지 않으려고 나도 어둠이 되어 움막에 들어서는 것이 저들에 대한 예의라고 생각한다. 게다가 하루가 빛으로만 열리는 것은 아니다. 빛이 일어나기 전에 소리가 먼저 깨어난다. 보이지는 않으나 들리는 것이 있으니 그 또한 기록한다. 또 있다. 소리가 일어나기 전의 시간에도 무언가는 움직인다. 바람이다. 바람결이 날마다 같지 않고 내 몸으로 느낄 수 있으니 그 또한 기록한다. 이 모든 것이 새의 번식 과정과 무관하지 않기 때문이다. 움막을 나서는 시간은 저들이 잠든 밤 10시 즈음 이후며, 때로 둥지 앞에서 밤을 새우기도 한다. 그렇게 짧게는 두 달, 길게는 네 달을 지낸다.

200여 년 전 새를 향한 오듀본의 마음과 지금 새를 관찰하는 내 마음이 크게 다르지는 않을 터이다. 새는 두 다리로 서고, 부리를 가지고 있으며, 날 수 있는 생명이다. 새가 간절히 꿈꾸었던 것은 무엇일까. 기는 것도, 걷는 것도, 달리는 것도 아닌, 비행을 통해 마주하는 완전한 자유가 아니었을까 하는 생각을 해 본다. 진화의 모든 열정을 어떻게 하면 날 수 있을까에 바치다 결국 날개를 갖춘다. 그래도 몸은 제대로 뜨지 않았을 것이다. 결국 몸을 가볍게 하기 위해 뼈 속을 비우지만 그마저 부족했던 모양이다. 새끼를 몸 안에서 키우지 않고 몸 밖으로 알을 낳아 품는 길을 택한다. 무엇이 먼저인지, 아니면 모든 것이 동시에 이루어진 것인지 알 수 없지만 이러한 과정을 통해 마침내 새는 자유의 생명이 된다. 그런데 새의 꿈은 자유에 그치지 않는다. 아름다움을 향해 간다. 단순한 색깔도 있지만 세상의 모든 색깔을 한 몸에 두른 생명이 바로 새다. 새를 사랑하는 사람이라면 새의 자유로움, 독특한 생김새, 그리고 아름다운 색깔에 빠지게 된다.

이제 시간을 앞서 그 누구보다 간절한 마음으로 새를 사랑했던 오듀본이 헤쳐 갔던 시간 속으로 여러분을 안내한다.

새를 만나다, 그리고 그리다

오듀본은 1785년 4월 26일 장 자크Jean Jacques라는 이름으로 당시는 프랑스 식민지였던 산토도밍고의 항구도시 레카예에서 태어났다. 프랑스 해군 장교 출신인 아버지 장 오듀본Jean Audubon은 사탕수수 농장을 운영하고 있었고, 어머니 잔느 라빈Jeanne Rabine은 농장의 하녀였다. 오듀본의 생모는 오듀본이 태어난 지 몇 달 지나지 않아 열대병으로 사망하였고, 어린 오듀본은 또 다른 하녀의 돌봄 속에서 큰다.

오듀본의 아버지는 1789년 산토도밍고에 있던 농장을 팔고 필라델피아에서 30킬로미터 정도 떨어진 밀 그로브Mill Grove 농장을 사들인다. 이 농장은 나중에 풍토병에 걸린 오듀본이 몸을 추스르는 공간이 되고, 미국에 정착하는 기반이 된다. 1791년, 일곱 살이 되던 해에 오듀본의 아버지는 백인의 피가 가장 많이 섞인 오듀본을 프랑스로 데려가며, 1794년 장자크 푸제르 오듀본Jean-Jacques Fougère Audubon이라는 이름으로 호적에 올림으로써 오듀본은 비로소 장 오듀본의 아들로서의 법적 지위를 얻는다.

꽤 어린 시절부터 오듀본은 새를 무척 좋아했다. 새의 우아한 움직임, 깃털의 부드러움과 아름다움, 완벽한 형태와 뛰어난 자태에 빠져들었고, 기쁨과 위험을 표현하는 방식이 새들마다 다르다는 사실도 알고 있었다. 어머니의 죽음으로 마음 붙일 곳 없었을 오듀본에게 어느 날 새가 다가와 준 것, 그리고 오듀본이 새라는 생명에 관심을 두고 마침내 온 몸을 다하여 사랑하게 된 것은 오듀본 자신을 위해서나 세상을 위해서나 다행이 아닐 수 없다. 《북미의 새》출간의 시작인 셈이니 말이다.

오듀본의 아버지는 오듀본을 자신처럼 뱃사람으로 만들고 싶어 했다. 실제로 오듀본은 열두 살 때 해군학교에 들어가지만 장교 자격시험에 실패한다. 그 뒤 오듀본은 바로 육지로 돌아와 새의 관찰에 몰두한다. 호기심 가득 찬 눈으로 숲 여기저기를 훑어보며 걷기를 좋아했던 오듀본은 새 둥지를 잘 찾았고 둥지와 둥지 속 알의 모습을 그리기 시작한다. 새 둥지를 잘 찾는다는 것은 새의 생태를 정확히 알고 있다는 뜻이다. 새는 은폐와 엄폐가 보장된 은밀한 곳에 둥지를 짓는다. 오듀본은 그 은밀함에 다가선 사람이었다.

그뿐만 아니라 오듀본은 관찰한 내용을 빠짐없이 그림으로 그려 영원히 지워지지 않을 형태로 간직했다는 점이 중요하다. 곧 기록이며, 오듀본의 위대함은 이 기록의 힘에 기초한다. 필자 또한 자연에 깃들인 생명을 관찰하는 생활을 시작한 지 오래되었다. 나의 목숨이 다할 때까지 절대로 잊을 수 없으리라는 순간도 꽤 있었다. 그런데 그 모습들이 나의 기억 속에 얼마나 머물고 있을까? 남은 것이 거의 없는 듯하다. 순간순간을 글과 그림과 사진으로 기록해 두지 않았다면 말이다. 인간은 뇌에 저장된 기억에 기대어 살아간다. 따라서 철저히 믿어야 할 것이 기억이지만 가장 믿을 수 없는 것이 기억이기도 하다. 기록은 기억의 지속시간을 종이와 연필심의 수명이 다할 때까지 연장시킨다. 기록은 흘러간 시간을 그대로 되돌려 주는 힘이 있다. 오듀본이 《북미의 새》를 펴내고 미국 조류학의 아버지라 불리게 된 바탕에는 바로 이런 철저한 기록의 습관이 있었다.

새의 발에 은실을 묶고 기다리다

열여덟 살이 되던 해인 1803년, 오듀본은 나폴레옹 전쟁에 징집되는 것을 피하기 위해 프랑스를 떠나 미국으로 향한다. 이 때 바꾼 미국식 이름이 우리가 알고 있는 존 제임스 오듀본이다. 뉴욕으로 향하는 뱃길에서 황열병에 걸린 오듀본은 몸을 추스른 뒤 아버지가 구입한 밀 그로브 농장에서 소작인들과 함께 생활한다. 밀 그로브 농장과 그 주변은 오듀본의 삶에서 숙명의 장소라 할 수 있다. 새를 만나는 천국이었고, 새를 떠나서는 살 수 없는 삶의 시작이었기 때문이다. 그 시절에 대해 오듀본은 이렇게 적었다. "높은 곳이든 낮은 곳이든, 마른 곳이든 습한 곳이든, 북쪽 비탈이든 남쪽 비탈이든, 키 큰 나무가 있든 키 작은 나무가 있든, 모든 곳이 새의 서식처다." 오듀본은 새가 있는 곳이라면 어디라도 가리지 않고 다가섰음을 알 수 있다. 이미 오듀본은 새에 단단히 미쳐 있었던 것이다.

오듀본은 야생의 새를 자연 그대로의 모습으로 섬세하게 묘사하고 싶어 했다. 따라서 새의 행동과 생태에 특별한 관심을 보이게 되었고, 마침내 새의 이동에 관한 비밀도 밝혀낸다. 새들이 가을마다 어디로 가는지는 오랫동안 풀리지 않는 비밀이었다. 이에 대해 조류학자들이 분명한 설명을 제시하지 못하던 터였기에 혹자는 새들이 물속에서 겨울을 지낸다고 했으며, 심지어 새들이 가을마다 달나라로 여행을 다녀온다고 말하는 사람도 있었다. 오듀본 또한 이 부분이 궁금했다. 일 년 내내 볼 수 있는 새가 있는가 하면, 곁에 있던 새가 어느 날부터 보이지 않다가 이듬해에 갑자기 나타나니

이상했을 것이다.

오듀본은 방법을 하나 생각해 낸다. 피비딱새의 발에 부드러우면서도 쉽게 끊어지지 않는 은실을 묶고는 기다렸다. 오듀본의 실험에 답을 하듯이 피비딱새는 매년 같은 둥지를 찾아왔다. 이 실험을 7년에 걸쳐 거듭 확인하여 새들이 계절을 따라 이동한다는 사실을 최초로 밝혀낸 것이다. 이렇듯 오듀본은 새의 발에 가락지를 끼워 철새의 이동을 확인하는 가락지 방법의 단초를 제공한 사람이다. 어느 봄날 나타난 새가 가을이 되면 사라졌다가 봄이 되면 다시 나타나는 것을 허투루 보지 않은 것이다. 관심을 가지고 무언가를 지속적으로 본 사람만이 풀 수 있는 문제였다.

오듀본은 박제술에 남다른 재능이 있는 것으로도 유명하다. 스무 살 때, 결혼 허락을 받으려고 프랑스에 갔다가 박물학자 샤를 마리 도르비니Charles-Marie d'Orbigny(1770~1856)를 만나 박제술을 배운 것이 시작이었으나, 나름의 독특한 방식으로 발전시킨다. 박제술은 새를 세밀하고 섬세하게 그려내는 데 중요한 역할을 했으며, 결국 《북미의 새》출간의 중요한 밑거름이 된다.

밀 그로브 농장에 머물 때 오듀본은 이웃 농장의 농장주 윌리엄 베이크웰William Bakewell과 그의 딸 루시Lucy를 만난다. 루시 역시 자연에 관심이 많았기에 둘은 주변의 자연을 탐사하는 데 많은 시간을 보냈고, 만난 지 5년이 지난 1808년에 결혼한다.

새에 미쳐 사는 시간

결혼 뒤 오듀본은 생계를 위해 집을 떠나 무역업을 시작했지만, 관심은 여전히 관찰 노트를 지닌 채 새를 관찰하고 그림을 그리는 데 있었다. 야외와 숲에서는 북미 원주민처럼 가죽 물주머니를 둘러메고, 화약으로 채워진 버팔로 뿔을 머리에 쓰고, 허리춤에는 푸줏간 칼과 던질 수 있는 살상용 도끼를 차고 다녔다. 마음이 온통 새에 쏠려 있으니 사업은 제대로 될 리 없었고, 드넓었던 밀 그로브 농장은 남의 손에 넘어간 채 오듀본의 가족은 버려진 통나무집에서 생활한다. 결국 오듀본은 사업을 접고 아내 루시와 아들이 있는 켄터키로 돌아와 다시 새 관찰과 그림 그리기에 몰두한다.

그런데 켄터키에 돌아온 오듀본은 200점이 넘는 작품이 아무 짝에도 쓸모없는 폐지가 되었다는 사실을 알게 된다. 쥐가 갉아먹은 것이다. 한 달 가까이 실의에 빠져 있던 오듀본은 결국 자리를 털고 일어나 밖으로 나간다. 다시 새를 그리되, 더 잘 그리기로 마음먹으며 말이다. 새에 푹 빠져 사는 오듀본이 가정에 성실할 수는 없었다. 다행히 교사 자격증이 있던 아내 루시가 가정교사로 생계비를 벌며 간신히 버틴다.

오듀본은 새의 행동을 더욱 꼼꼼히 관찰하며 그림을 그리기 시작한다. 새가 있는 곳이라면 가리지 않고 여기저기를 더듬고 다녔다. 그러다 보니 다치거나 병을 얻는 등 사건과 사고가 끊이지 않았다. 나 역시 새가 있는 곳이라면 어떤 위험과 위협이 도사리고 있더라도 마다하지 않고 다가서는 사람이기에 그 모습을 또렷이 그릴

1826년의 존 제임스 오듀본

수 있다. 옷은 물론 피부까지 찢는 가시덤불을 헤치며 스스로 길을 만들어 다니는 것은 일상이었을 것이다. 발 한 번 헛디디면 목숨을 잃을 수 있는 절벽에 오르는 것도 피하지 않았을 것이며, 몸이 점점 빠져드는 늪에 들어서는 것마저 주저하지 않았을 것이다. 풀이나

낙엽에 묻혀 보이지 않는 수렁에 빠져 나뒹군 적도 한두 번은 아니었을 것이며, 독충에 쏘이고 맹독을 지닌 독사와 마주한 경험도 적지 않았을 것이다. 병을 옮기는 크고 작은 곤충에 물려 고생하는 경우도 흔했으리라. 그러다 몸을 추스를 정도가 되면 또다시 밖으로 나갔을 것이다. 목숨을 잃지 않은 것을 다행으로 여기며 말이다. 어쩔 수 없다. 누군가는 가야 하는 길이다.

이제 오듀본은 북미 전역으로 관찰 지역을 확대한다. 그 첫 걸음으로 미시시피강 줄기를 처음부터 끝까지 훑었다. 이 때 조수 조셉 메이슨Joseph Mason이 동행하는데, 그는 1820년에서 1822년까지 오듀본의 새 그림에 배경 식물을 그리는 일을 돕는다. 오듀본의 그림에서 배경 식물이 갖는 의미는 크다. 미학적 가치를 높여 줄 뿐만 아니라, 새의 서식지 환경을 정확히 표현했다는 생태학적 가치가 있다. 새의 서식지가 숲인지, 들인지, 강인지, 바다인지를 보여 주는 것은 기본이며, 새의 서식환경을 섬세하게 알 수 있게 해 주기 때문이다. 이 부분은 새만 덩그러니 그렸던 당대의 작가들과 오듀본을 차별화하는 중요한 잣대가 된다.

오듀본은 북미에 서식하는 모든 새를 찾아 그리는 일에 정진한다. 오듀본의 목표는 당대 최고의 조류학자 알렉산더 윌슨Alexander Wilson(1766~1813)을 뛰어넘는 것이었다. 오듀본은 하루에 한 장씩 그림을 그리며 가슴 속에 품고 있던《북미의 새》를 향한 꿈을 키워 간다.

새의 세계에서 예술의 세계로 날다

오듀본은 새를 그리는 자신만의 방법을 개발한다. 당시 조류학자들은 새를 포획하거나 사냥한 뒤 내장을 제거하고 다른 소재로 속을 채워 박제를 했기에 박제한 새의 모습은 딱딱했다. 그러니 그림이 부자연스럽고 딱딱해 보이는 것은 당연한 결과다. 하지만 오듀본은 새를 정확하게 사격하여 새의 형태 변형을 최소화하여 죽인 다음 철사로 자연 그대로의 자세를 취하게 했다. 독수리와 같은 중요한 표본을 작업할 때는 준비하고 살펴보고 그림을 그리는 데 하루 15시간씩 며칠이 걸리기도 했다. 그가 그린 새의 모습은 자연 서식지에서의 생활 모습 그대로다. 그는 종종 새들이 먹이를 먹거나 사냥을 하는 등 마치 어떤 행동을 하다가 잡힌 것처럼 묘사한다. 이것은 당시 최고의 조류학자로 칭송받았던 알렉산더 윌슨 같은 동시대 사람들이 그린 뻣뻣한 그림과는 지극히 대조적이다. 새의 서식지에 함께 살며 새의 행동을 하나하나 오래도록 지켜본 사람이 아니고서는 도저히 그릴 수 없는 그림이다.

오듀본은 기본적으로 수채화를 그렸지만, 깃털의 부드러운 느낌을 제대로 표현하기 위하여 유색 분필이나 파스텔로 덧칠하기도 했다. 특히 올빼미와 왜가리의 경우가 그렇다. 수채화 물감을 여러 층 칠하는 경우가 많았고, 때로 수채화 물감에 수용성 고무를 섞어 불투명 효과를 내기도 했다. 크기가 작은 종은 주로 열매나 꽃이 달린 가지에 앉아 있는 모습으로 그렸고, 같은 종이라도 여러 개체를 다양한 자세와 날갯짓으로 그리기도 하였다. 몸집이 큰 새들은 주로 땅이나 나무 그루터기에 앉아 있는 모습으로 그렸고, 같은 과科의 경우 한 면에 여러 종을 함께 그려 종 사이의 형태적 차이점을 비교하기 쉽게 했다. 새와 더불어 둥지와 알도 함께 그리거나, 알이나 어린 새를 노리는 뱀과 같은 천적을 한 그림에 담아 생태학적 정보 또한 제공했다. 암컷과 수컷, 그리고 어린 새를 모두 그려 암수뿐만 아니라 어른 새와 어린 새의 외형을 비교할 수 있게 하였다. 새와 더불어 새의 서식지를 자연 그대로 표현한 점은 돋보이는 대목이다.

모든 종을 실물 크기로 그리고 화폭에 몸 전체를 담는 과정에서 더러 새의 자세가 왜곡되거나 과장되었다는 평가가 있다. 하지만 실제 자연 상태에서 새가 취하는 자세 중 하나를 골라 그렸을 뿐이라고 본다. 내가 본 새의 몸짓을 오듀본이 놓쳤을 리 없다. 또한 오듀본의 사냥 태도에 대한 비판의 소리도 있다. 오듀본은 사냥을 많이 했다. 사실이다. 하지만 오듀본의 시대로 시간을 돌려 볼 필요가 있다. 오듀본이 사냥을 가장 많이 했던 시기는 지금부터 200년 전이다. 탐조 장비는 맨눈이 전부였을 것이고, 게다가 그때나 지금이나 그렇듯이 새는 접근을 허락하지 않았을 것이다. 최첨단 촬영 장비를 갖춘 현재에도 사진이나 영상을 보며 새 그림을 섬세하게 그리기는 쉽지 않다. 그래서 어쩔 수 없었다는 의견도 있다. 두 생각 사이의 선택은 독자의 몫으로 남긴다.

인류 역사상 가장 위대한 도감,《북미의 새》

순간이 힘들 뿐, 모든 것은 지나간다. 1824년, 오듀본은 새 그림을 펴낼 출판사를 찾기 위해 필라델피아로 돌아온다. 그러나 1808년에서 1814년에 걸쳐 알렉산더 윌슨과 함께《미국 조류학*American Ornithology*》을 펴낸 조류학회 회원들의 반대로 출판의 꿈은 이루지 못한다.《미국 조류학》은 훌륭한 작품이지만 얌전히 박제된 표본을 그대로 그리거나 투박한 배경으로 그린 그림이었다. 이것을 넘어서 자연 상태의 모습 그대로를 실제 크기로 서식지 환경과 더불어 표현한 오듀본의 가공할 업적을 시기하는 사람도 많았던 탓이다.

1826년, 41세의 나이에 오듀본은 자신의 작품을 영국으로 가져간다. 저명한 영국 인사의 도움으로 열린 전시회를 시작으로 오듀본은 유명인사가 되었다. 그림도 뛰어났지만 영국인들에게 오듀본 그림의 배경이 되는 미국의 자연은 무척 특이하고 이국적이었던 것이다. 오듀본은 잉글랜드와 스코틀랜드 어디를 가든 '미국의 숲사람'이라 불리며 큰 환대를 받았고,《북미의 새》를 출간할 수 있을 만큼 돈도 벌었다.

오듀본은 497종의 새를 실물 크기로 담은 그림 435점을 동판에 새겨 제작했다.《북미의 새》는 크기가 99*cm*×66*cm*가 되는 기념비적 작업이다. 한 그림에 여러 종이 표현된 경우가 있어 종수보다 그림 숫자가 적다. 책에 소개된 그림, 곧 새의 순서는 예술적 효과와 대중의 관심도를 고려하여 정했다는 것이 정평이나 린네의 분류방식을 따랐다는 의견도 있다.

존 제임스 오듀본이 12년(1827~1938) 걸려 완성한《북미의 새》
표지. 이 그림은 Plate 217로 147쪽에 있다.

인쇄비용은 현재로 환산하면 2백만 달러에 이르렀는데, 책의
예약 판매비, 작품 전시 소득, 유화 사본 판매비, 오듀본이 사냥한
동물의 모피 판매비 등을 포함하여 오로지 자신이 모은 돈으로 출
판 비용을 충당했다. 유화 사본은 경비를 마련하는 데 도움이 되었
을 뿐 아니라 책을 홍보하는 효과도 있었다. 삶 전체를 새를 만나는
일과 새 그림 그리기에 바쳤던 오듀본의 열정은 그렇게 대작으로
거듭나 세상과 만난다. 인류 역사상 가장 위대한 도감《북미의 새》
가 4권의 책으로 완성되기까지는 무려 12년의 시간이 걸렸다.

채색에도 50명이 넘는 인원이 작업했다. 처음 열 개의 도판은
당대 인쇄 명문가 출신 윌리엄 홈 리자르William Home Lizars(1788~

1859)가 제작하였으나 원작을 제대로 살리지 못해, 결국 초판은 런던 최고의 조판공 로버트 헤이벌Robert Havell, Jr.(1793~1878)에 의해 부식 동판 인쇄 방식으로 제작된다.

책의 크기는 일반적으로 표지의 가로와 세로로 정하며 폴리오Folio(2절판), 쿼토Quarto(4절판) 및 옥타보Octavo(8절판)로 구분한다. 현재의 일반적인 책 크기는 쿼토와 옥타보에 해당한다. 폴리오는 다시 코끼리 폴리오, 아틀라스 폴리오, 더블 코끼리 폴리오로 구분하며 세로가 각각 최대 23인치(58.4cm), 25인치(63.5cm), 50인치(127cm)이다. 오듀본의《북미의 새》는 세로가 99cm로 아틀라스 폴리오의 최대 세로 길이보다 큰 더블 코끼리 폴리오의 책이며, 세상에서 가장 크고 섬세한 부식 동판 인쇄물로 평가받고 있다.

오듀본은 프랑스에서도 큰 인기를 얻었고 왕과 여러 귀족을 예약 구매자로 확보하게 된다. 마침내《북미의 새》는 자연의 매력으로 유럽의 낭만주의 시대를 풍미하며 최고의 인기를 얻는다.

《북미의 새》의 출간 후, 런던 왕립 학회Royal Society of London는 마침내 오듀본을 회원으로 받아들이면서 오듀본의 업적을 인정한다. 런던 왕립 학회는 영국에서 가장 오래된 자연과학 학회로 아이작 뉴턴Isaac Newton, 찰스 다윈Charles Darwin, 알베르트 아인슈타인Albert Einstein, 마이클 패러데이Michael Faraday, 로버트 보일Robert Boyle, 제임스 와트James Watt, 알렉산더 플레밍Alexander Fleming 등 세계 역사를 바꾼 저명한 과학자들이 거쳐 간 당대 최고의 학회다. 오듀본은 벤저민 프랭클린Benjamin Franklin에 이어 회원으로 선출된 두 번째 미국인이다.

예약 구매자를 물색하고 모집하기 위하여 에든버러에 머무르는 동안 오듀본은 에든버러 왕립 학회Royal Society of Edinburgh에 뿌리를 둔 베르네 자연사 협회Wernerian Natural History Society 주관으로 새를 철사로 고정하는 방법을 시연한다. 이때 학생이었던 찰스 다윈과 만나게 된다. 아쉽게도 두 사람의 인연이 더 이상 이어지지는 않지만 찰스 다윈은《종의 기원The Origin of Species》과 후기 작품에서 오듀본의 자료를 세 번 인용한다.

오듀본이 조류의 해부학과 행동학 발전에 미친 영향은 더할 수 없이 크다. 그가 남긴《북미의 새》는 인류 역사상 가장 위대한 도감이며, 서적 예술 중 가장 훌륭한 본보기로 평가받고 있다.

《북미의 새》 출판 이후

《북미의 새》에 이어 오듀본은 스코틀랜드의 조류학자 윌리엄 맥길리브레이William MacGillivray(1796~1852)와 함께《조류학 일대기 Ornithological Biographies》를 준비한다.《북미의 새》의 후속 작품인《조류학 일대기》는 새의 생활사 모음집으로 1831년에서 1839년에 걸쳐 5권으로 출간된다.

1830년대에 걸쳐 오듀본은 북미 지역으로 탐사를 이어 간다. 키웨스트Key West 탐사 여행 중 동반했던 기자는 다음과 같은 신문 기사를 썼다. "오듀본은 내가 아는 가장 열정적이고 도무지 포기할 줄을 모르는 사람이다. …… 더위, 피로, 또는 불운이 겹쳐도 기가

꺾이지 않는다. 매일 아침 3시에 일어나 밖으로 나가 오후 1시에 돌아온다. 나머지 시간은 관찰한 것을 그리면서 보내다 밤이 되면 다시 밖으로 나간다. 오듀본은 이러한 일상을 몇 주 또는 몇 달이나 반복한다." 오듀본이 얼마나 새를 사랑하는 사람이었는지를 엿볼 수 있는 대목이다.

《조류학 일대기》를 펴내고 2년이 지난 1841년, 오듀본은 미국으로 돌아온다. 1840년에서 1844년에 걸쳐 오듀본은 65개의 도판을 추가하여 옥타보 판형의《북미의 새》를 출간한다. 엄청난 크기의 영국 판형보다 훨씬 작은 표준 판형으로 인쇄하여 가격도 크게 부담스럽지 않게 했다. 그의 가족이 경제적으로 안정되기를 바라는 마음에서였다. 동시에 오듀본은 '구독자 모집 여행'으로 시간을 보낸다. 가족을 제대로 돌보지 못하고 평생 밖으로 떠돈 가장의 소망이었으리라.

오듀본은 서부에서 새를 더 연구하고 싶었지만 그 꿈을 이루지 못한다. 알츠하이머병 징후를 보이기 시작하다 1851년 1월 27일, 향년 66세를 일기로 맨해튼 북부에 있는 집에서 눈을 감았다. '미국 조류학의 아버지' 오듀본은 집 근처에 있는 맨해튼 브로드웨이 155 거리의 한 교회 묘지에 묻혀 있다. 묘지에는 오듀본의 업적을 기리는 기념비가 있으며, 현재 뉴욕시 로즈 지역의 문화유산 중 하나다.

오듀본의 마지막 작품은 포유류에 관한 것이었다. 오듀본은 1846년 존 바크만John Bachman(1790~1874)과 공동으로《북아메리카의 태생 네발짐승들(1권)*Viviparous Quadrupeds of North America(Vol.1)*》을 출간한다. 1권의 그림은 대부분 오듀본의 아들 존 우드하우스 오듀본이 그렸다. 오듀본이 못다 이룬 작업은 마침내 아들이 2권을 펴내면서 완성되는데, 오듀본의 사후 1851년에 출간된다. 또한 오듀본이 세상을 떠난 뒤, 아내 루시는 오듀본의 관찰 노트에 기초하여《자연주의자 존 제임스 오듀본의 삶The Life of John James Audubon, the Naturalist》을 출간한다.

오듀본은 조류학과 자연과학사 발전에 지대한 영향을 미쳤다. 이후 새와 관련한 모든 작품은 그의 열정과 수준 높은 예술성으로부터 영감을 받는다.

1896년 국립 오듀본 협회National Audubon Society의 바탕이 된 매사추세츠 오듀본 협회Massachusetts Audubon Society는 오늘날 미국에서 가장 영향력 있는 자연보호협회 중 하나로 꼽힌다. 오듀본 협회는 미국 전역에 걸쳐 수천 개의 지회를 가지고 있으며, 회원은 수십만 명에 이른다.

오듀본의 자취 또한 미국 전역에 남아 있다.《북미의 새》의 원본에 해당하는 수채화 작품 435점은 뉴욕 역사협회New-York Historical Society가 소장하고 있다. 한때 오듀본이 살았던 펜실베이니아주 밀 그로브 농장은 대중들에게 공개되고 있으며,《북미의 새》를 포함하여 오듀본의 모든 주요 작품을 소개하는 박물관이 있다. 켄터키 주 헨더슨에 있는 존 제임스 오듀본 주립공원의 오듀본 박물관에는 오듀본의 수채화, 유화, 동판 및 유품이 소장

1850년경의
존 제임스 오듀본

되어 있다. 1940년 미국 우정국은 오듀본을 기념하여 미국 우표 시리즈를 발행하였고, 2011년 구글은 오듀본 탄생 226주년을 축하한 바 있다. 그 밖에 오듀본을 기리기 위해 오듀본의 이름을 붙인 공원, 학교, 거리 등만 해도 수십 곳에 이른다.

　새를 향한 열정과 《북미의 새》를 중심으로 하는 여러 저작을 통해 오듀본은 '미국 생태학의 아버지', '미국 조류학의 아버지'로 불리고 있다. 2010년 12월 6일, 《북미의 새》는 크리스티Christie와 더불어 세계 경매 시장의 양대 산맥인 뉴욕 소더비Sotheby 경매에서 1,150만 달러(약 120억 원)에 판매되며 세계에서 가장 비싼 책의 자리에 오르게 된다. 2013년 11월 26일, 1640년 미국에서 최초로 인쇄된 책인 《베이 시편집Bay Psalm Book》이 소더비 경매에서 1,416만 달러(약 150억 원)에 판매되면서 《북미의 새》는 세계에서 두 번째로 비싼 책이 되었다. 오듀본에 대한 세상의 평가다.

일러두기

작품 선정의 배경

《북미의 새》에는 새 그림 435점이 수록되어 있다. 하나같이 뛰어난 작품이다. 하지만 이 책에 서는 100점만을 소개한다. 새의 생태와 행동을 더 잘 표현한 것을 우선하여 골랐고, 서식지의 특성을 고려하여 어느 한쪽으로 치우치지 않도록 분배했다. 숲에서 살아가며 노랫소리가 예쁜 명금류, 민물에 사는 담수조류와 바다에 사는 해수조류, 다른 새나 생명체를 공격하여 잡아먹 는 맹금류 등을 골고루 분배했다. 다양한 과科를 소개하려 애썼다는 뜻이기도 하다. 또한 번식 습성, 먹이, 색깔, 크기, 국내 조류와의 상관성 등을 종합적으로 고려하여 100점의 작품을 선정 했다.《북미의 새》에는 가로 그림과 세로 그림이 섞여 있다. 선정한 100점 또한 도판 순서로 나 열하면 마찬가지다. 이 책에서는 그림 감상의 편의를 고려하여 세로 그림을 먼저 소개하고 이 어 가로 그림을 배열하였다.

《북미의 새》의 읽기

그림과 더불어 몇 가지 표기가 있다. 첫 번째 그림을 예로 든다. 그림의 오른쪽 상단에 Plate 1이 라고 적혀 있다. 1번 도판(그림)이라는 뜻이다. 왼쪽 하단에는 '존 제임스 오듀본이 자연에서 그 렸다'는 표시로 'Drawn from nature by J. J. Audubon'이라고 적혀 있다. 아래 쪽 가운데에 걸쳐 Wild Turkey, MELEAGRIS GALLOPAVO. Linn, Male, American Cane. Miegia macrosperma 가 쓰여 있다. 새의 영어 이름(Wild Turkey, 야생칠면조), 새의 학명(MELEAGRIS GALLOPAVO. Linn.), 암수 구분(수컷), 배경 식물의 영어 이름(American Cane, 미국사탕수수), 식물의 학명(Miegia macro- sperma) 순서이다. 다른 그림도 이런 순서를 따른다. 곧 새의 영어 이름, 새의 학명, 암수 구분, 식 물의 영어 이름, 식물의 학명 순서로 써 있다. 오른쪽 하단에는 조판을 담당한 사람의 이름이 적혀 있다. Engraved by W. H. Lizars Edin, Retouched by R. Havell Jun. 도판 1의 경우 리자르 가 조판하고 헤이벌이 수정했다는 뜻이다.

《북미의 새》는 새를 실제 크기로 그린 그림을 엮은 책이다. 상당히 큰 책으로 하나의 도판에 둘 이상의 새를 그린 경우가 많다. 두 개체를 그린 경우 하나는 수컷, 다른 하나는 암컷이다. 셋을 그린 경우 암컷, 수컷, 그리고 어린 새다. 오듀본은 그림 옆에 작게 번호를 붙여 어느 것이 수컷 이고 암컷이며 어린 새인지 표시해 주었다. 그림 자체가 크니 가능한 일이다. 문제는 이 책의 경우 그림을 축소해서 소개한다는 점이다. 각각의 새 그림 옆에 쓴 번호의 식별이 불가능하며,

도판 아래 쪽 가운데에 표시한 설명【예/ 1: male(수컷), 2: female(암컷), 3: 어린 새(young bird)】또한 제대로 보이지 않는다. 축소된 그림에 따로 번호를 붙이고 해설하는 방법을 생각해 보았으나 오듀본의 그림에 대한 예의가 아니라는 판단을 하게 되었다. 안타깝지만 수컷, 암컷, 어린 새에 대한 표기를 따로 하지 못한다. 다만 새의 경우 수컷이 암컷보다 화려하다는 상식으로도 암수의 구분이 가능한 것은 다행이며, 어린 새는 실제로 모습이 부모 새에 비해 어리고 주로 먹이를 받아먹는 모습이어서 구분할 수 있다. 그러나 맹금류의 경우 겉모습에서 차이가 나지는 않으며 암컷이 수컷보다 훨씬 크다는 사실을 기억하기 바란다. 한 도판에 같은 과科에 속하는 여러 종을 그린 경우 역시 따로 구분하지 못하였다.

책에서의 표기 방법

이 책에서는 선정한 100점의 그림을 도판 번호, 새의 영어 이름, 새가 속한 과科, 새의 우리나라 이름, 크기, 서식지와 먹이습성에 따른 구분(명금류, 수조류, 맹금류)의 순서로 정리했다. 명금류, 수조류, 맹금류 중 어느 쪽으로 구분하기 어려운 경우 빈자리로 남겨 두었다.

우리나라에 서식하지 않는 새가 많아 영어 이름을 우리 이름으로 바꾸는 데 어려움이 컸다. 또한 새의 영어 이름을 우리 이름으로 옮김에 정해진 규칙이 없다는 것도 어려움 중 하나였다. 우리나라에 서식하는 딱다구리과 새의 영어 이름과 우리 이름을 예로 들어 보면, 'Great-spotted Woodpecker'는 '큰반점딱다구리' 정도로 번역되지만 우리 이름은 '오색딱다구리'이다. 'White-backed Woodpecker'는 '흰등딱다구리'로 번역할 수 있겠지만 '큰오색딱다구리'이다. 'Gray-headed green Woodpecker'는 '회색머리녹색딱다구리'가 아니라 '청딱다구리'며, 'Black Woodpecker'는 '검은딱다구리'가 아니라 '까막딱다구리'이다. 물론 영어 이름을 그대로 번역한 것을 우리 이름으로 쓰는 경우도 있다. 'White-tailed Eagle'은 '흰꼬리수리'며, 'Black-tailed Godwit' 역시 '흑꼬리도요'이다. 그렇다면 'Black-tailed Gull'은 '흑꼬리갈매기'라고 불려야 하는데 우리 이름은 '괭이갈매기'이다. 심지어 'Gray-headed Bunting'은 '붉은뺨멧새', 'Gray-headed Lapwing'은 '민댕기물떼새'이다. 이처럼 정해진 규칙이 없어 혼란한 가운데 우리나라에 서식하지 않는 새의 이름을 표기해야 할 경우, 어쩔 수 없이 영어 이름 뜻에 충실하게 우리말로 옮겼음을 밝힌다. 따라서 우리나라에 서식하지 않는 새의 경우 제시한 이름은 '가칭' 정도로 생각하면 좋겠다.

차례

1.   Plate 001

Wild Turkey

칠면조과
야생칠면조
♀; 90cm, ♂; 120cm

PLATE I

Wild Turkey, MELEAGRIS GALLOPAVO, Linn.   Male.   *Vaccinium Case.*   *Vitis amurensis.*

2. Plate 012

Baltimore Oriole

찌르레기사촌과
볼티모어꾀꼬리
17~22cm
명금류

PLATE. XII.

Baltimore Oriole. ICTERUS BALTIMORE, Daud. *Adult Male 1.Male two years old.2.Female.3. Tulip Tree Liriodendron tulipifera*

3.　　Plate 017

Carolina Turtle Dove

비둘기과
캐롤라이나멧비둘기
28~31cm
명금류

※ 아래 그림은 알을 품고 있는 암컷에게 먹이를 전해 수는 수컷의 모습이다.

PLATE XVII.

Carolina Turtle Dove, COLUMBA CAROLINENSIS, linn. Male & Female ? Black flowered Stuartia. Stuartia Malacodendron.

4. Plate 026

Carolina Parrot

앵무과
캐롤라이나앵무새
34~36cm
명금류

Carolina Parrot

PSITTACUS CAROLINENSIS, *Linn.*
Male, 1 female, 2 young, 3.
Cockle bur. Xanthium strumarium.

Drawn from Nature & Published by John J. Audubon. F.R.S.E.L.S.

Engraved, Printed & Coloured by R. Havell Jun.

5.   Plate 027

Red-headed Woodpecker

딱다구리과
붉은머리딱다구리
19~25cm
명금류

Red headed Woodpecker
PICUS ERYTHROCEPHALUS, *Linn.*
Male 1, Female 2, Young 3.

6.   Plate 033

American Goldfinch

되새과
아메리카황금핀치
11~14cm
명금류

※ 핀치는 참새목 되새과 새의 총칭으로 사육조飼育鳥의 대표적인 종류다. 특히 갈라파고스 제도의 여러
섬에 고립적으로 흩어져 서식하는 갈라파고스핀치는 생물의 계통 분화를 보여 주며, 다윈으로 하여금 진
화사상의 심증을 군히게 한 중요한 요인이 되었다.

PLATE XXXIII.

American Goldfinch

FRINGILLA TRISTIS. Linn,
Male,1.Female, 2.
Common Thistle. Cnicus lanceolatus.

Drawn from Nature and Published by John J. Audubon, F.R.S.F.L.S.

Engraved, Printed & Coloured by R. Havell.

7.   Plate 042

Orchard Oriole

찌르레기사촌과

과수원찌르레기

16cm

명금류

PLATE XLII.

Orchard Oriole.

ICTERUS SPURIUS, *Bonap.*

Male in complete plumage, 1, 2; Male bird uniform, 3; Male, second year 4; Adult female 5.

Honey Locust Gleditschia triacanthos.

8. Plate 047

Ruby-throated Humming Bird

벌새과

붉은목벌새

7~9cm

명금류

PLATE XLVII.

Ruby-throated Humming Bird.

TROCHILUS COLUBRIS, Gm.

Male, 1. Female, 2. Young, 3.

Trumpet flower Bignonia radicans.

Drawn from Nature and Published by John J. Audubon, F.R.S. F.L.S.

Engraved, Printed & Coloured by R. Havell.

9.   Plate 051

Red-tailed Hawk

수리과

붉은꼬리매

45~65cm

맹금류

PLATE LI

Red-tailed Hawk. FALCO BOREALIS, *Gmel.* Male 1, Female 2. *American Hare. Lepus americanus.*

Drawn from Nature & Published by John J. Audubon, F.R.S. F.L.S. Engraved, Printed & Coloured by R. Havell.

10.　Plate 053

Painted Finch

납부리새과
소정조
10~12cm
명금류

PLATE LIII

Painted Finch.
FRINGILLA CIRIS, Temm.
1.2.Old Males. 3.M.of 1.ʳ Year. 4. 2.ⁿᵈ Year. 5.Female.
Chickasaw Plum. Prunus Chicasa.

rawn from Nature & Published by John J. Audubon, F.R.S.F.L.S.
Engraved, Printed, & Coloured by R. Havell.

II. Plate 054

Rice Bird

찌르레기사촌과
라이스버드
16~18cm
명금류

※ 이동 중 잘 익은 벼의 낟알을 잘 따먹어 라이스버느라는 이름이 붙었다.

Rice Bird.
ICTERUS AGRIPENNIS. Ch. Bonap.
Male 1. Female 2.
Red Maple. Acer rubrum.

Drawn from Nature & Published by John J. Audubon, F.R.S.E.L.S.

Engraved, Printed, & Coloured by R. Havell.

12.   Plate 057

Loggerhead Shrike

때까치과

바보(멍텅구리)때까치

23cm

명금류

PLATE LVII

Loggerhead Shrike. LANIUS LUDOVICIANUS, *Linn.* Male 1. Female 2. Green Briar or Round leaved Smilax. *Smilax rotundifolia.*

13.　Plate 061

Great-horned Owl

올빼미과

큰귀부엉이

43~64cm

맹금류

※ 맹금류의 경우 일반석으로 암컷이 수컷보다 크다. 앞: 수컷, 뒤: 암컷

PLATE LXI

Great Horned Owl.
STRIX VIRGINIANA, *Gmel.*
Male, Female.

14.   Plate 062

Passenger Pigeon

비둘기과
나그네비둘기
38~41cm
명금류

※ 북아메리카의 고유종이었으니 현재는 멸종한 종이다. 암컷(위)이 수컷(아래)에 먹이를 전해 주는 드문 모습이다.

PLATE LXII.

Passenger Pigeon.
COLUMBA MIGRATORIA. *Linn.*
Male 1, Female 2.

15. Plate 066

Ivory-billed Woodpecker

딱다구리과

상아색부리딱다구리

51cm

명금류

PLATE LXVI

Ivory-billed Woodpecker. PICUS PRINCIPALIS. *Linn. Male 1 Female 2, 3.*

16.　Plate 068

Republican, or Cliff Swallow

제비과

절벽제비

14cm

명금류

PLATE LXVIII.

Republican or Cliff Swallow.
HIRUNDO FULVA, *Vieill.*
Male 1 Female 2 Egg 3 Nest 4.

Drawn from Nature and Published by John J. Audubon, F.R.S.S.L.S. Engraved, Printed & Coloured by R. Havell.

17.   Plate 074

Indigo Bird

멧새과
인디고버드
15cm
명금류

※ 인디고는 진한 푸른색을 뜻한다.

PLATE LXXIV

Indigo Bird

FRINGILLA CYANEA, Wils.

Male Adult 1. M. first year 2. 2d. year. 3. Female, 4.

Wild Sarsaparilla. Aralia nudicaulis.

Drawn from Nature and Published by John J. Audubon, F.R.S. F.L.S.

Engraved, Printed & Coloured by W.H. Lizars.

18.   Plate 077

Belted Kingfisher

뿔호반새과
아메리카뿔호반새
28~35cm
명금류

PLATE LXXVII.

Belted Kingsfisher. ALCEDO ALCYON. Linn. Male, 1,2. Female, 3.

19. Plate 081

Fish Hawk or Osprey

수리과

물수리

~60cm

맹금류

Fish Hawk or Osprey FALCO HALIAETUS. *Male.* *Weed Fish.*

20. Plate 121

Snowy Owl

올빼미과
흰올빼미
52~71cm
맹금류

PLATE CXXI.

Snowy Owl. *STRIX NYCTEA.* (Linn.) *Male & Female?*

21.　　Plate 125
───────

Brown-headed Nuthatch

동고비과

갈색머리동고비

9~11cm

명금류

※ 목에 흰색 반점이 있는 개체가 수컷이다.

PLATE.CXXV

Brown-headed Nuthatch SITTA PUSILLA, *Lath.* Male1.Female.2.

Drawn from Nature by J.J.Audubon, F.R.S. F.L.S.

Engraved, Printed, & Coloured, by R.Havell, London.

22. Plate 126

White-headed Eagle

수리과

흰머리수리

86~94cm

맹금류

※ Plate 031(125쪽)과 동일 종

White-headed Eagle.
FALCO LEUCOCEPHALUS, *Linn.*
Young.

23.   Plate 131

American Robin

지빠귀과

아메리카지빠귀

20~28cm

명금류

PLATE CXXXI.

American Robin.
TURDUS MIGRATORIUS.
Male 1. Female 2. Young 3.
Chestnut-oak. Quercus Prinus.

24.　Plate 168

Fork-tailed Flycatcher

산적딱새과

두갈래꼬리딱새

♀;28~30cm, ♂;37~41cm

명금류

PLATE. CLXVIII.

Drawn from Nature by J.J.Audubon F.R.S. F.L.S. *Forked-tailed Flycatcher.* MUSCICAPA SAVANA. *Male. Gordonia Lasianthus.* Engraved, Printed, & Coloured by R. Havell, 1834.

25. Plate 173

Barn Swallow

제비과

제비

18cm

명금류

PLATE. CLXXIII.

Barn Swallow
HIRUNDO AMERICANA.
Male, 1. Female, 2.

Drawn from Nature by J.J. Audubon, F.R.S. F.L.S.
Engraved, Printed & Coloured by R. Havell, 1835.

26. Plate 179

Wood Wren

굴뚝새과

굴뚝새

~10cm

명금류

PLATE. CLXXIX.

Wood Wren.
TROGLODYTES AMERICANA.
Male
Smilacina borealis.

Drawn from Nature by J.J. Audubon, 1829. FLУ.

Engraved, Printed & Coloured by R. Havell. 1833.

27.   Plate 187

Boat-tailed Grackle

찌르레기사촌과
긴꼬리검은찌르레기붙이
♀; 26~33cm, ♂; 37~43cm
명금류

Boat-tailed Grackle.
QUISCALUS MAJOR, *Vieill.*
Male 1. Female 2.
Live Oak — Quercus virens.

Drawn from Nature by J.J. Audubon, F.R.S. F.L.S.

Engraved, Printed & Coloured by R. Havell. 183

28.   Plate 201

Canada Goose

오리과

캐나다기러기

75~110cm

수조류

PLATE CCCI

Canada Geese
ANSER CANADENSIS

29. Plate 206

Summer, or Wood Duck

오리과

미국(아메리카)원앙

43~52cm

수조류

※ 원앙 종류는 오래된 나무가 썩어 생긴 빈 공간에 알을 낳는 습성이 있다.

PLATE CCXI

Summer or Wood Duck.

ANAS SPONSA.

1.2 Male. 3 & Females.

Vines subdichia. Button Wood Tree.

30. Plate 211

Great blue Heron

백로과

미국왜가리

97~137cm

수조류

PLATE CCXI.

Great blue Heron. ARDEA HERODIAS, *L*.

31.   Plate 216

Wood Ibiss

황새과
노랑부리황새
100~115cm
수조류

Wood Ibis. TANTALUS LOCULATOR.

32. Plate 242

Snowy Heron, or White Egret

백로과

쇠백로

~56cm

수조류

PLATE CCXLII.

Snowy Heron, or White Egret.

ARDEA CANDIDISSIMA, *Gm.*

Male adult spring plumage.

Rice Plantation, South Carolina.

33. Plate 250

Arctic Tern

갈매기과
북극제비갈매기
33~36cm
수조류

Drawn from Nature by J.J.Audubon, F.R.S. F.L.S.　　　　　　　　　　Engraved, Printed & Coloured by R. Havell London 1835.

Arctic Tern.
STERNA ARCTICA.

34. Plate 291

Herring Gull

갈매기과

재갈매기

60cm

수조류

※ 새 이름 앞에 붙은 '재'는 잿빛, 곧 회색을 뜻한다.

PLATE CCXCI

Herring Gull

LARUS ARGENTATUS.

35. Plate 311

American White Pelican

사다새과

아메리카흰사다새

140~178cm

수조류

American White Pelican
PELICANUS AMERICANUS, *Aud.*

102 | 103

36.   Plate 356

Marsh Hawk

수리과

개구리매

48~56cm

맹금류

※ 작고 밝은 체색의 개체가 수컷이다.

PLATE CCCLVI

Marsh Hawk.
FALCO CYANEUS.

37. Plate 363

Bohemian Chatterer

여새과

보헤미안황여새

18~21cm

명금류

PLATE CCCLXIII.

Bohemian Chatterer.
BOMBYCILLA GARRULA.
Male 1. Female 2.
Pyrus Americana Canadian Service Tree.

Drawn from Nature by J.J.Audubon. F.R.S. F.L.S.

Engraved, Printed and Coloured by R. Havell. 1837.

38.   Plate 367

Band-tailed Pigeon

비둘기과
줄무늬꼬리비둘기
33~40cm
명금류

PLATE CCCLXVII

Band tailed Pigeon. 1. *Male.* 2. *Female.*

COLUMBA FASCIATA. *Say.*

Drawn from Nature by J. J. Audubon, F. R. S. F. L. S.

Engraved, Printed and Coloured by R. Havell 1837.

39. Plate 389

Red-cockaded Woodpecker

딱다구리과

붉은벼슬딱다구리

34~41cm

명금류

Drawn from Nature by J.J.Audubon, F.R.S. F.L.S.

Engraved, Printed and Coloured by R. Havell 1837

Red Cockaded Woodpecker.
PICUS QUERLUS, *Wils.*
Males 1. Female 2.

40. Plate 416

Hairy Woodpecker
Red-bellied Woodpecker
Red-shafted Woodpecker
Lewis' Woodpecker
Red-breasted Woodpecker

다양한 종류의 딱다구리

PLATE CCCCXVI

Hairy Woodpecker.
PICUS VILLOSUS, Linn.
1. Male. 2. Female.

Red-bellied Woodpecker.
PICUS CAROLINUS, Linn.
1. Male. 2. Female.

Red-shafted Woodpecker.
PICUS MEXICANUS, Swall.
1. Male. 2. Female.

Lewis' Woodpecker.
PICUS TORQUATUS, Wils.
1. Male. 2. Female.

Red-breasted Woodpecker.
PICUS RUBER, Lath.
1. Male. 2. Female.

41.   Plate 417

Maria's Woodpecker
Three-toed Woodpecker
Phillips' Woodpecker
Canadian Woodpecker
Harris's Woodpecker
Audubon's Woodpecker

다양한 종류의 딱다구리

PLATE CCCCXVII

Harris's Woodpecker.
PICUS HARISII. *And.*
1 Male. 2 Female.

Three-toed Woodpecker.
PICUS HIRSUTUS. *Vieill.*
3 Male. 4 Female.

Phillips' Woodpecker.
PICUS PHILLIPSII. *And.*
5 and 6 Males.

Canadian Woodpecker.
PICUS CANADENSIS. *Swift.*
7 Male.

Harris's Woodpecker.
PICUS HARISII. *And.*
8 Male. 9 Female.

Audubon's Woodpecker.
PICUS AUDUBONI. *Trudeau.*
10 Male.

42.　Plate 422

Rough-legged Falcon

매과

털발매

55~65cm

맹금류

※ 성장하며 체색이 검은색으로 변한다. 왼쪽: 어른 새, 오른쪽: 어린 새

PLATE CCCCXXII

Rough-legged Falcon.
BUTEO LAGOPUS

43.   Plate 425

Columbian Humming Bird

벌새과
컬럼비아벌새
~6cm
명금류

※ 벌새 종류는 세상에서 가장 작은 새로 다 자라도 몸 길이가 5cm를 넘지 않는 경우가 대부분이다. 1초에 90번까지 날갯짓을 할 수 있으며, 이를 통해 정지비행을 하며 꿀을 빤다. 전 세계에 약 320종이 있다.

Columbian Humming Bird.
TROCHILUS ANNA, *Lesson.*
1, 2, 3 *Males; 4 Female and Nest.*
Plant: Ribaceae Virginiana.

Drawn from Nature by J. J. Audubon, F.R.S. F.L.S.

Engraved, Printed and Coloured by R.art Havell. 1835.

44. Plate 428

Townsend's Sandpiper

도요새과

타운센드도요

27cm

수조류

PLATE CCCCXXVIII.

Townsend's Sandpiper.
FRINGA TOWNSENDI, *And*

45. Plate 431

American Flamingo

홍학과

아메리카홍학

120~145cm

수조류

PLATE CCCCXXXI

1. *Profile view of Bill of a standing animal.*
2. *Superior, front view of upper Mandible.*
3. *Inferior, front view of upper Mandible.*
4. *Inferior, front view of lower Mandible.*
5. *Intaan Front view of lower Mandible, with the Tongue in*

6. *Profile view of Tongue.*
7. *Papillae front edge of Tongue.*
8. *Inferior, front view of Tongue.*
9. *Perpendicular front view of the foot fully expanded.*

American Flamingo.
THIRTY-THIRD   *RUBBR Linn.*
OLD MALE.

46.　Plate 002

Yellow-billed Cuckoo

두견과

노랑부리뻐꾸기

28~32cm

명금류

Yellow-billed Cuckoo. COCCYZUS AMERICANUS, Bonap. Male 1. Female 2. Papaw. Tree. Porcelia triloba.

47. Plate 031

White-headed Eagle

수리과

흰머리수리

86~94cm

맹금류

White-headed Eagle. FALCO LEUCOCEPHALUS *Linn.* Male. *Yellow Catfish.*

48.   Plate 041

Ruffed Grouse

꿩과

목도리뇌조

40~50cm

명금류

49. Plate 176

Spotted Grouse

꿩과

점박이뇌조

38~40cm

명금류

Spotted Grous

TETRAO CANADENSIS

Male 1 Female 2

1. Willow — index — 2. Graphics — index.

50. Plate 186

Pinnated Grouse

꿩과

큰날개뇌조

40~45cm

명금류

Pinnated Grous. *TETRAO CUPIDO.* Male, 1? Female, 2. *Linn. Supplem.*

51.   Plate 191

Willow Grouse, or Large Ptarmigan

꿩과

버들뇌조

35~44cm

명금류

Willow Grous or Large Ptarmigan.
TETRAO SALICETI
Male 1. Female 2. Young 3.
Lagopus, Brit. 1. Am. plate 3.

Engraved, Printed & Coloured by R. Havell, 1836.

Drawn from Nature by J. J. Audubon, F.R.S. F.L.S.

52.   Plate 202

Red-throated Diver

아비과

아비

64cm

수조류

Red-throated Diver. COLYMBUS SEPTENTRIONALIS. *Male adult summer plumage 1 W Winter plumage 2 Male Female 3 Young 4*

53. Plate 203

Fresh Water Marsh Hen

뜸부기과

민물쇠물닭

45~48cm

수조류

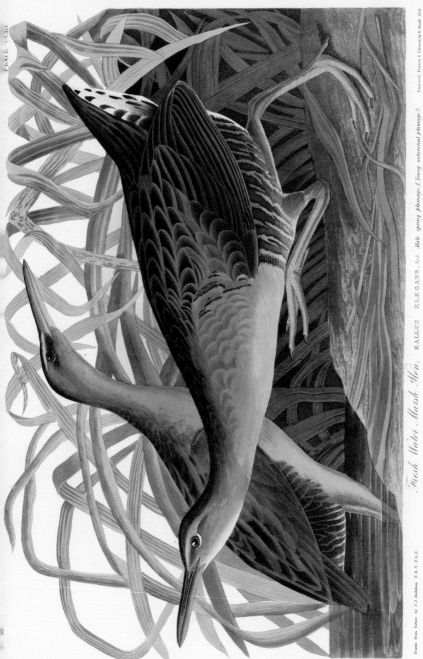

PLATE CCIII.

Fresh Water Marsh Hen. RALLUS ELEGANS. *And*. Male spring plumage. 1. *Young autumnal plumage.* 2.

Drawn from Nature by J. J. Audubon. F.R.S. F.L.S.

Engraved, Printed & Coloured by R. Havell 1835.

54.   Plate 209

Wilson's Plover

물떼새과
윌슨물떼새
17~20cm
수조류

PLATE CCIX

Wilson's Plover. CHARADRIUS WILSONIUS. *1. Male. 2. Female.*

Drawn from Nature by J.J. Audubon. F.R.S. F.L.S.

Engraved, Printed & Coloured by R. Havell. 1834.

55.   Plate 210

Least Bittern

백로과

꼬마알락해오라기

28~36cm

수조류

PLATE CCX.

Drawn from Nature by J.J. Audubon. F.R.S. F.L.S.

Least Bittern. ARDEA EXILIS. *Gm.* 1. Male. 2. Female. 3. Young.

Engraved, Printed & Coloured by R. Havell. 1836.

56.   Plate 212

Common Gull

갈매기과

갈매기

40cm

수조류

※ 성장하며 체색이 밝아진다. 왼쪽: 어른 새, 오른쪽: 이린 새

Common Gull

57. Plate 213

Puffin

바다오리과
퍼핀
35cm
수조류

PLATE CCXIII

Drawn from Nature by J.J. Audubon. F.R.S. F.L.S.

Engraved, Printed & Coloured by R. Havell 1834.

Puffin. MORMON ARCTICUS, 1.Male 2.Female.

58.　Plate 217

Louisiana Heron

백로과

삼색해오라기

56~76cm

수조류

Louisiana Heron. ARDEA LUDOVICIANA, *Linn. Male adult.*

59.　Plate 221

Mallard Duck

오리과

청둥오리

50~65cm

수조류

Mallard Duck. Nº142. DRAWN. - Male. 1 Female.

60.　Plate 222

White Ibis

저어새과

흰따오기

53~70cm

수조류

※ 성장하며 체색이 밝아진다. 왼쪽: 어른 새, 오른쪽: 어린 새

No 45. PLATE CCXXII

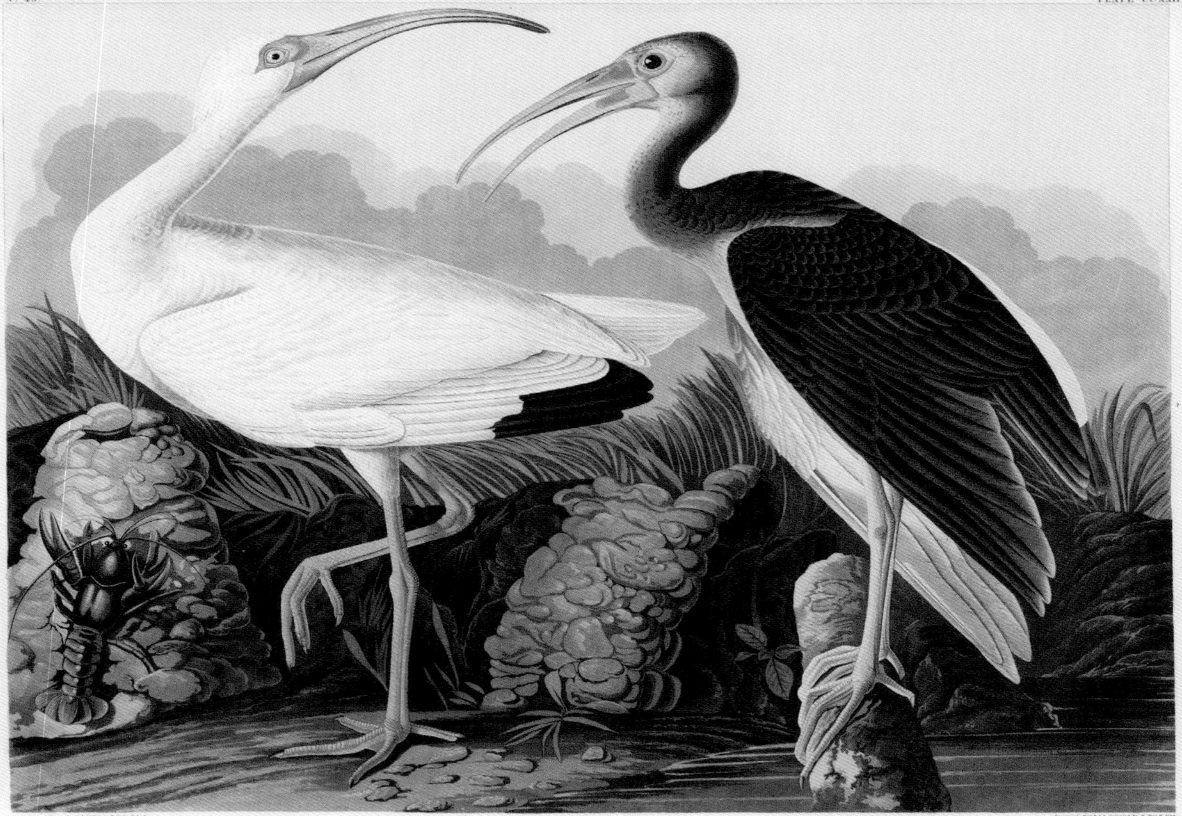

Drawn from Nature by J.J.Audubon, F.R.S. F.L.S. Engraved, Printed & Coloured, by R. Havell 1834

White Ibis IBIS ALBA. *1 Adult 2 Young in Autumn*

61.   Plate 228

American Green-winged Teal

오리과

미국쇠오리

35cm

수조류

※ 새 이름 앞에 붙은 '쇠'는 크기가 작다는 뜻이다.

PLATE CCXXVIII

American Green winged Teal. ANAS CAROLINENSIS. *with* 1 *Male* 2 *Female.*

62. Plate 231

Long-billed Curlew

도요과

긴부리마도요

50~65cm

수조류

Long billed Curlew. NUMENIUS LONGIROSTRIS. 1 Old. 2 Young. 3/4 Natural.

63.   Plate 236

Night Heron, or Qua bird

백로과

해오라기

58~65cm

수조류

Night Heron or Qua bird.
ARDEA NYCTICORAX.

<u>64.</u> Plate 239

American Coot

뜸부기과
아메리카물닭
34~43cm
수조류

American Coot.

FULICA AMERICANA. GM.

Drawn from Nature by J.J. Audubon F.R.S. F.L.S.

Engraved, Printed, & Coloured by R. Havell. London. 1835.

65.　Plate 244

Common Gallinule

뜸부기과

쇠물닭

33cm

수조류

Common Gallinule. *Male Adult*.
GALLINULA CHLOROPUS.

66.   Plate 252

Florida Cormorant

가마우지과
플로리다가마우지
70~90cm
수조류

Florida Cormorant.
CARBO FLORIDANUS.
Male. Adult. Spring Plumage.

67.   Plate 256

Purple Heron

백로과

붉은왜가리

81~91cm

수조류

Purple Heron

ARDEA RUFESCENS, *Bodd.*

68.   Plate 264

Fulmar Petrel

바다제비과
풀머바다제비
45~50cm
수조류

Fulmar Petrel.
PROCELLARIA GLACIALIS, L.
Male adult Summer plumage.

69. Plate 281

Great White Heron

백로과

대백로

90cm

수조류

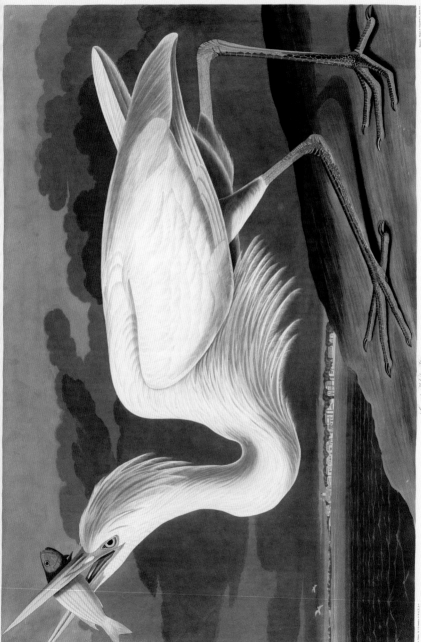

Great White Heron. ARDEA OCCIDENTALIS. *Male, adult spring plumage.*

70.   Plate 286

White-fronted Goose

오리과

쇠기러기

66~86cm

수조류

White fronted Goose.
ANSER ALBIFRONS.
1 Male. 2 Female.

71.　Plate 288

Yellow Shank

도요과

노랑발도요

27cm

수조류

PLATE CCLXXVIII

Drawn from Nature by J. J. Audubon, F.R.S. F.L.S.

Engraved, Printed & Coloured, by R. Havell, 1834.

Yellow Shank.

TOTANUS FLAVIPES. *Vieill.*

72.　Plate 290

Red-backed Sandpiper

도요과

붉은등도요

25cm

수조류

Red backed Sandpiper
TRINGA ALPINA.
1. Summer plumage. 2. Winter plumage.

73. Plate 292

Crested Grebe

논병아리과
뿔논병아리
56cm
수조류

Crested Grebe

PODICEPS CRISTATUS.

Male. Adult; young; plumage; young; Red Male. ?

Engraved, Printed & Coloured by R. Havell, 1836.

74.   Plate 293

Large-billed Puffin

오리과

큰부리퍼핀

35cm

수조류

Large-billed Puffin.

MORMON GLACIALIS, Leach
1. Male. 2. Female.

Drawn from Nature by J. J. Audubon. F.R.S. F.L.S.

Engraved, Printed & Coloured, by R. Havell, 1834.

75.   Plate 296

Barnacle Goose

오리과

흰뺨기러기

55~70cm

수조류

Barnacle Goose.
ANSER LEUCOPSIS.
1. Male. 2. Female.

76.   Plate 306

Great Northern Diver (or Loon)

아비과

큰아비

69~91cm

수조류

Great Northern Diver or Loon.
COLYMBUS GLACIALIS, L.
Adult & Young in Winter.

77.　Plate 307

Blue Crane (or Heron)

두루미과

청두루미

100~120cm

수조류

Blue Crane, or Heron.
ARDEA COERULEA.
1. Adult Male. 2. young changing to perfect plumage. Spring.

78.   Plate 313

Blue‑winged Teal

오리과

푸른날개쇠오리

40cm

수조류

Drawn from Nature by J. J. Audubon, F.R.S. F.L.S.

Engraved, Printed & Coloured by R. Havell, 1836.

Blue-Winged Teal.
ANAS DISCORS, L.
Male 1. Female 2

79. Plate 314

Black-headed Gull

갈매기과

붉은부리갈매기

38cm

수조류

PLATE CCXIV.

Drawn from Nature by J. J. Audubon. F.R.S. F.L.S.

Engraved, Printed & Coloured by R. Havell, 1836.

Black-headed Gull.
LARUS ATRICILLA. L.
Adult Male Spring. Plumage 1. Young first Plumage 2.

80. Plate 318

American Avocet

장다리물떼새과

아메리카뒷부리장다리물떼새

40~51cm

수조류

American Avocet.
RECURVIROSTRA AMERICANA.
Views in first Winter Plumage.
Male 1.

81.   Plate 321

Roseate Spoonbill

저어새과

진홍저어새

71~86cm

수조류

82. Plate 322

Red-headed Duck

오리과

홍머리오리

46~58cm

수조류

Red-headed Duck.
FULIGULA VERINA, *Linn*
Male. 2. Female. 3.

83.   Plate 326

Gannet

얼가니과(가다랭이잡이과)

가넷

크기 자료 없음

수조류

Gannet

84.   Plate 327

Shoveller Duck

오리과

넓적부리

43~51cm

수조류

<u>85.</u>   Plate 328

Long-legged Avocet

장다리물떼새과

장다리물떼새

48~51cm

수조류

PLATE CCLXXIII

Long-legged Avocet?
HIMANTOPUS NIGRICOLLIS, *VIEILL*
Male.

86.   Plate 331

Goosander

오리과

비오리

56~69cm

수조류

Goosander.

GREEN MERGANSER, 1.
Mergus Merganser.

87. Plate 335

Red-breasted Snipe

도요과
붉은가슴깍도요
27~30cm
수조류

PLATE CCCXXXV

Drawn from Nature by J.J.Audubon. F.R.S.E.L.S.

Red-breasted Snipe.
SCOLOPAX GRISEA, *Gm.*
Spring Plumage 1. Winter 2.

Engraved, Printed and Coloured by R.Havell, 1836.

88.　Plate 337

American Bittern

백로과
아메리카알락해오라기
58~85cm
수조류

American Bittern
ARDEA MINOR

89.   Plate 341

Great Auk

오리과
큰바다오리
75~85cm
수조류

Great Auk.
ALCA IMPENNIS. *L*

90.   Plate 346

Black-throated Diver

아비과

큰회색머리아비

58~74cm

수조류

Black-throated Diver.
COLYMBUS ARCTICUS, *Linn.*

<u>91.   Plate 361</u>

Long-tailed(or Dusky) Grouse

꿩과

긴꼬리뇌조

55~65cm

명금류

PLATE CCLXI.

N° 75.

Long-tailed or Dusky Grous
TETRAO OBSCURUS.

92. Plate 371

Cock of the Plains

꿩과

평원뇌조

44~51cm

명금류

Cock of the Plains
GREAT CROW-HEN.

93. Plate 381

Snow Goose

오리과

흰기러기

64~79cm

수조류

※ 위쪽은 수컷 어른 새, 오른쪽은 어린 암컷이다.

Snow Goose?

ANSER HYPERBOREUS, *Pallas.*
Adult Male 1. Young Female Two. Nat.

94. Plate 386

Glossy Ibis

저어새과

광택따오기

46~66cm

수조류

White Heron

95. Plate 401

Red-breasted Merganser

오리과

바다비오리

50~66cm

수조류

Red-breasted Merganser
MERGUS SERRATOR, *Linn.*
Male 1, Female 2.

96.   Plate 406

Trumpeter Swan

오리과

트럼펫고니

138~165cm

수조류

Trumpeter Swan
CYGNUS BUCCINATOR
Adult

97. Plate 411

Common American Swan

오리과

아메리카고니

130~135cm

수조류

Common American Swan.
CYGNUS AMERICANUS, Sharpless.

98.   Plate 412

Violet-green Cormorant
Townsend's Cormorant

가마우지과
보라녹색가마우지,
타운센드가마우지
수조류

99. Plate Plate 429

Western Duck

오리과

서양오리

~40cm

수조류

PLATE CCCCXXIX

Western Duck.

FULIGULA STELLERI, *Bonap.*

100. Plate 432

Burrowing Owl
Large-headed Burrowing Owl
Little night Owl
Columbian Owl
Short-eared Owl

굴파기올빼미
큰머리굴파기올빼미
쇠올빼미
컬럼비아올빼미
쇠부엉이
다양한 종류의 올빼미

Drawn from Nature by J. J. Audubon F.R.S. F.L.S.

Engraved Printed and Coloured by Rob.t Havell 1838

Burrowing Owl.
STRIX CUNICULARIA.

Large-headed Burrowing Owl.
STRIX CALIFORNICA.
2. Male.

Little night Owl.
STRIX NOCTUA. *Lath.*
3. Female.

Columbian Owl.
STRIX PASSERINOIDES. *Temm.*
4. 5. Males.

Short-eared Owl.
STRIX BRACHYOTUS. *Bp.*
6. Male.

존 제임스 오듀본 John James Audubon(1785~1851)

오듀본은 어린 시절부터 새의 우아한 움직임, 깃털의 부드러움과 아름다움, 완벽한 형태와 뛰어난 자태에 빠져들 정도로 새를 무척이나 좋아했고, 기쁨과 위험을 표현하는 방식이 새들마다 다르다는 사실을 알고 있었다. 새의 발에 은실을 묶어 새들이 계절에 따라 이동한다는 사실을 밝힘으로써, 철새의 이동을 확인하는 가락지 방법의 단초를 제공하였다.

오듀본은 북미에 서식하는 모든 새를 찾아 그리는 일에 정진하였다. 이러한 오듀본의 열정은 무려 12년(1827~1838)의 노력 끝에 완성한 《북미의 새》(4권)에 잘 드러난다. 《북미의 새》는 인류 역사상 가장 위대한 도감으로, 그리고 서적 예술 중 가장 훌륭한 본보기로 평가받는다. 새를 향한 열정과 《북미의 새》를 중심으로 하는 여러 저작을 통해 오듀본은 '미국 생태학의 아버지', '미국 조류학의 아버지'로 불리고 있다.

김성호

살아 있는 것들을 향한 사랑에 이끌려 휘문고등학교 졸업 후 연세대학교 생물학과에 진학하였으며, 졸업 후 같은 대학원에서 석사와 박사학위를 받았다. 1991년, 서남대학교 생물학과 교수가 된 뒤 본격적으로 지리산과 섬진강이 품은 생명에 특별한 시선을 두기 시작한다.

식물생리학을 전공했지만 유난히 새를 좋아하여 '새 아빠', '딱다구리 아빠'라는 별명이 붙었다. 새에 대한 각별한 사랑과 끈질긴 관찰력을 바탕으로 《큰오색딱따구리의 육아일기》, 《동고비와 함께한 80일》, 《까막딱따구리 숲》, 《바쁘다 바빠 숲새의 생활》, 《우리 새의 봄·여름·가을·겨울》, 《빨간 모자를 쓴 딱따구리야》를 펴냈다. 《동고비와 함께한 80일》, 《까막딱따구리 숲》은 하루 종일 새에서 눈을 떼지 않기 위해 학교를 휴직까지 하며 쓴 책이다. 이 외에 지은 책으로 《나의 생명수업》, 《어여쁜 각시붕어야》, 《마을 뒷산에 옹달샘이 있어요》, 《관찰한다는 것》 등이 있으며, 어느 책에서도 과학자 특유의 예리하고 끈질긴 관찰력과 생명을 향한 감출 수 없는 사랑이 곳곳에 드러난다. 2018년 2월, 27년 몸담았던 대학을 떠나 자유의 몸이 되었으며 현재는 생태작가의 길을 걷고 있다.